爱自然巧发现

有趣的水边动物

（日）佐佐木 洋 ●著

张小蜂　冯师娜　雨晴●译

U0215327

中国林业出版社

目录

在河流上游生活的动物

在稻田·水渠里生活的动物

在湖泊·池塘·沼泽里生活的动物

水边的动物
生活在哪里呢?

河流的上游·中游·下游

在水中或岸边记得好好在这些地方寻找一下：石蝇的稚虫通常躲藏在水边大石头的下面，日本蝾螈喜欢在岸上的水坑里，而小鱼喜欢在浅滩处游动呢。

7

水边的动物

稻田·水渠

　　在稻田及水渠里仔细查找一下这些地方的角落里会不会有泥鳅呢？水边的杂草丛中是不是可以找到东北雨蛙？是不是有水黾浮在水面上？田埂上有没有斑嘴鸭呢？

生活在哪里呢?

水边的动物生活在哪里呢?

湖泊·池塘·沼泽

在湖泊、池塘和沼泽，可以去这些地方找找生活在水边的生物：在最邻近水的岸边会有牛蛙，在水中的小岛上会有密西西比红耳龟，而碧伟蜓则会在水面上飞翔。

与水边的动物一起玩耍吧！

游戏约定

- 去水边玩耍的时候，记得一定要和大人一起哦。
- 在水流缓慢的小溪周边玩耍，绝对不要靠近水流快和水深的地方。
- 如果要淌水的话，记得穿上袜子、靴子或者运动鞋。不要赤脚或者穿拖鞋，否则很容易受伤。
- 夏天容易中暑，一定要戴上帽子，还要多喝水。
- 冬天的话，一定要穿上防寒衣物，防止感冒。
- 如果没有信心饲养它们的话，在观察之后就将它们放回原处吧。

饲养之前要知道的事情

- 饲养之前要妥当地做好准备，再去采集要饲养的动物。
- 因为自来水里含有漂白粉（含氯混合物，主要成分为次氯酸钙），所以一定要先将水放在阳光下晒2～3天再使用。
- 许多动物生性胆小，如果不给它们一些藏身之处的话，它们会因为神经紧张而无法适应环境，所以一定要给它们制造一些躲避场所。
- 不管是饲养哪种动物，不要在容器中养太多。
- 先尝试饲养，如果觉得自己不能很好地照顾这些小动物的时候，就把它们放回原来的地方吧。

在河流上游
生活的动物

河流上游的水温低，河道狭窄，水流快，像红点鲑、马苏大马哈鱼这些鱼类生活在这里，一些动物会以生活在这里的汉氏泽蟹等动物为食，所以也常常在岸边出没。

噗噗　　噗噗　　噗噗

日本貂

基本信息

分布：日本北海道、本州、四国、九州等地
栖息地：河流上游
体长：头尾长大约45厘米

日本貂长得很像黄鼬（黄鼠狼），但貂会游泳。日本貂以鼠类、蛙类及水果等为食。繁殖期4～5月，每胎产2～4只仔。

在哪里呢？

日本貂喜欢生活在河流上游周边的森林里，有时也会出现在人们居住的庭院里。貂是夜行性动物，太阳落山后到第二天日出之前是它们的主要活动时间。

嬉戏！

日本貂在夏天和冬天时的毛色不同。夏天全身黄色，略带茶色，但是到了冬天身体变成明亮的黄色，脸部带白色。在同一个地方分别于冬夏两季去观察貂的毛色变化特别有意思哟。

夏天

完全不一样呀

冬天

注意！

日本貂不仅会在地面上活动，还会爬树。它们爬树时的样子就像是窜上空中般，故日语中日本貂的发音与天空的发音是一样的。遇到它们的时候，记得留意下它们爬树的样子哟。

褐河乌

基本信息

分布:中国天山南部、东北、华北、华中、华
　　 西南以及台湾,日本北海道、本州、
　　 九州等地
栖息地：河流的上游
体长：大约20厘米

褐河乌名字中虽然有"乌"字,但它跟乌鸦可不是亲戚。褐河乌主要以昆虫为食,偶尔也会捕捉小鱼。喜欢在水面附近一边飞一边发出"哔、哔"的叫声。

在哪里呢?

褐河乌一年四季大多时候都是在河流上游及周边活动,但到了冬季也会到下游周边活动。在钓白点鲑或者马苏大马哈鱼的时候,常常会看到褐河乌从眼前横穿过去。有时,站在桥上眺望水面的时候也会看到褐河乌在溪流上横飞而过。

嬉戏！

褐河乌有水乌鸦、小水乌鸦等各种各样的俗称。去水边观察褐河乌时，记得问一下在河边垂钓的人怎么称呼这种鸟吧。

褐河乌？
水乌鸦？
还是
小水乌鸦？

就好像是忍者一样呀

注意！

褐河乌会在露出水面的石头间飞来飞去，也会在水中游泳来寻找食物，甚至还能潜入水中，以在水底行走的方式抓捕食物。发现褐河乌的话，好好地观察一下它吧。

汉氏泽蟹

基本信息

分布：日本本州、四国、九州等地
栖息地：河流的上游
体长：头胸甲宽约2.5厘米

汉氏泽蟹是日本唯一一种终生生活在淡水中的蟹类。日本貂常常捕食它们，人类也会把它们做成干炸食品，所以有时候会在食品店看到卖活的汉氏泽蟹。

在哪里呢？

汉氏泽蟹多数栖息于上游，但有时也会出现在中游。从春天到秋天都能看到它们。它们会在河流中间或岸边的大石头下活动，下雨的时候也会爬到地面上去。

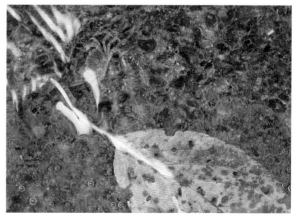

嬉戏！

汉氏泽蟹的体色多变，有带红色的，有带蓝色的，有带紫色的，有带褐色的等等。去找几只不同体色的汉氏泽蟹吧，很有趣呢。

蓝色

红色

紫色

很绚丽多彩吧

饲养！

在水族箱底部铺上 3～4 厘米厚的细沙，然后在上面放置几块大石头。水深 3～4 厘米，饲料用小猫、小狗吃的少盐的杂鱼干就可以啦。

白点鲑

基本信息

分布：日本本州等地，中国有养殖
栖息地：河流的上游
体长：18～35厘米

白点鲑生活在深山中的溪流中，行动非常敏捷。想要钓到它们并不是一件容易的事，所以人们称它们为"虚幻之鱼"，用来形容它们行踪特别隐秘。每年的秋天是白点鲑的产卵期，它们的卵会在第二年春天孵化成幼鱼。

在哪里呢？

白点鲑栖息在河流的上游，白天躲在岩石的缝隙中，清晨和傍晚的时候较为活跃。有时候看似水浅什么也没有的地方，翻开石头却可能发现大的白点鲑呢。不过由于环境污染，适合它们生存的栖息地越来越少了。

嬉戏！

不同区域的白点鲑体色与花纹都略有不同，去观察一下不同河流中白点鲑的样子吧。当然，如果有人恰好钓到了白点鲑，拿来观察一下也是个不错的办法。

上图中的白点鲑略微发红，下图中的白点鲑略微发蓝。

注意！

白点鲑是凶狠的捕食者，除了昆虫及小鱼外，有时候连蛇都不放过。虽然白点鲑行踪诡秘，但当有昆虫掉在水面上时，有可能会看到它们游到水面捕食的身影哦。所以，记得在水边耐心地多观察一会儿吧。

会出来吧

怎么办好呢

马苏大马哈鱼

基本信息

分布：日本北海道、本州北部、九州南部令
中国见于黑龙江和吉林省
栖息地：河流的上游
体长：陆封型12～30厘米
洄游型40～60厘米

马苏大马哈鱼与白点鲑一样，都是生活在河流上游的鱼类。它们喜欢在河流的浅滩处产卵。主要以昆虫、蟹和虾等为食。在日本，人们常用盐烧的方式来烹饪它。

在哪里呢？

马苏大马哈鱼有在河流上游生活一辈子的陆封型和要到海里成长的洄游型。其中在日语里洄游型又被称为樱鳟，它们生活在比陆封型马苏大马哈鱼所在的河流上游要深一点的干净的淡水中。

嬉戏！

在上游人们用手就可以轻易抓到马苏大马哈鱼和白点鲑。在水里找到大岩石的缝隙等地方，然后悄悄地伸手进去就可以摸到鱼。要牢牢地抓住因受惊而跳出来的鱼哦。

要悄悄地哦，不能被发现了

好像呀

马苏大马哈鱼

注意！

在日本的本州南部、四国等地方，生活着与它很像的石川马苏大马哈鱼。石川马苏大马哈鱼的身体有很多红色的斑点，也分为陆封型和洄游型，其中洄游型又被称为五月鳟。

石川马苏大马哈鱼

照片提供：大阪府环境农林水产综合研究所　水栖生物中心

25

科氏色螅

基本信息

分布：日本北海道、本州、四国、九州等
栖息地：河流的上游
体长：大约65毫米

雌性的科氏色螅会潜入水中，在植物的根部和茎部内产卵。有时候可以潜入水中差不多1个小时呢。它们与常见的色螅不同之处在于后翅的位置有深褐色条带。

在哪里呢？

日本除冲绳以外都有科氏色螅分布。每年的5～9月可以看到成虫在水面上翩翩飞舞，或停留在探出于河面的石头上。雄性会划定自己的地盘，并且几乎都是在自己的领地范围内活动。

嬉戏!

科氏色螅与其他多数种类的蜻蜓不一样，它们的行动缓慢，也不喜欢飞到远处。所以只要有捕虫网，倒是可以轻易地抓到它们。可以将它们拿在手上，慢慢地观察它的颜色和形状，但是观察后一定要放掉它们。

蜻蜓的复眼据说由大约10000个小眼构成

哇~
有这么多呀

色螅

注意!

色螅类的左右复眼是分离的（碧伟蜓的复眼是紧贴在一起的）。另外，停下来的时候，它们的翅膀是闭合着的。这些特征在其他的均翅亚目（螅）身上也能看到。

碧伟蜓

黑暗扣蟓

基本信息

分布：日本本州、四国、九州等地
栖息地：河流的上游
体长：20～25毫米

包括黑暗扣蟓在内的襀翅昆虫都有着平坦且柔软的身体，腹部的端部有像两根刺一样的东西，它们的稚虫在水里用腹部的鳃呼吸。

照片提供：贝塚市立自然游学馆

在哪里呢？

黑暗扣蟓分布在日本本州、四国、九州等河流上游。稚虫生活在水中，4～6月的晚上，许多羽化的成虫因趋光性会飞向岸边野营地的篝火及附近的亮光处。

嬉戏！

在河流上游，我们可以找一个水浅且水流缓慢的地方，寻找一下黑暗扣蜻的稚虫，它们喜欢生活在大石头的下面。

能找到吗?

试着使用放大镜来确认一下吧

黑暗扣蜻

注意！

黑暗扣蜻的稚虫和蜉蝣长得很像，可以依据足端部的爪钩数量区分它们。有两条爪钩的就是黑暗扣蜻，如果有一条爪钩就是蜉蝣。

高翔蜉

照片提供：贝塚市立自然游学馆

在河流中游生活的动物

在河流的中游生活着各种各样的动物。鱼群喜欢聚集在水深但水流缓慢的区域。各种野鸟会来到这里寻找食物。到了晚上，岸边经常会有貂一类的哺乳动物活动。

耶

貉

基本信息

分布：日本北海道、本州、四国、九州等
　　　中国也有分布
栖息地：河流中下游的河滩等地
体长：50～60厘米

貉喜欢居住在村落周边。春天到夏天是它们的繁殖期，每胎可以生3～5只幼仔。貉是杂食动物。柿子、金龟子的幼虫、蚯蚓和老鼠等，都是它们的食物。

在哪里呢？

日本除了冲绳以外，许多村落周边都能见到貉。它们喜欢在河流中下游的河滩、池塘或稻田边觅食、搭巢。

嬉戏！

貉有"定点排泄"的有趣习性，几乎每天都会在同一个地方排便。通过这些粪便就可以知道生活在这附近的貉主要吃什么了。

貉的脚印的特征不就是脚趾有 4 根，指甲在脚尖上嘛

注意！

虽然貉主要是晚上才出来活动，白天很难看到它们的身影，但是它们有时候会"啾""啾"地小声叫，身上的气味也很浓，所以我们可以通过声音和气味来判断这附近有没有貉。

喂，有脚印哦。可能就在附近呀

冠鱼狗

基本信息

分布：日本，中国华北、华中、东南、西南
栖息地：河流中上游的水边
体长：大约40厘米

冠鱼狗和鸽子差不多大小。它们喜欢从水边的岩石或树枝上俯冲下来捕食。5～6月是繁殖期，它们会在水边的河堤以及崖壁上挖洞，然后在里面产卵。

在哪里呢？

日本除了冲绳以外的河流上游、下游的水边和湖畔都能见到冠鱼狗。它们经常停留在伸出水面的树枝或从水中突出的岩石上面。也可以通过"喀啦喀啦"的叫声来寻找它们的身影。

喀啦喀啦～

嬉戏！

如果发现在岩石上或树枝上有冠鱼狗，一定要静静地观察一下，它们有可能会突然飞入水中、溅起水花、叼着鱼飞回原来的地方。当然也可以留意一下它们捕到的是什么种类的鱼哟。

注意！

冠鱼狗有时会在半空中悬停，然后再飞入水中去抓鱼。如果见到了悬停的冠鱼狗，记得好好地观察正在半空中停留的它们哦。

白鹡鸰

基本信息

分布：日本北海道、本州等地，在中国有
　　　分布
栖息地：河流的中下游的附近
体长：大约20厘米

白鹡鸰的雄性比雌性的体色要深。它们喜欢上下摇摆尾巴。在地上的凹坑等地方筑巢，每次产卵4～5枚，以捕食昆虫为主。

在哪里呢？

白鹡鸰分布范围很广，除了水边，有时在停车场和校园的操场上也能看见它们。冬天，很多的白鹡鸰为了寻找造巢的材料而聚集在街边的树上。

嬉戏！

鸟类的行走方式大致有三种类型：蹦蹦跳跳的行走方式，碎步快走那样地将脚一小步一小步地伸向前方的行走方式，还有就是混合这两种方式的行走方式。白鹡鸰是采用第二种，即碎步快走的行走方式。

吡吡、吡吡

注意！

白鹡鸰会一边"吡吡、吡吡"地鸣叫一边飞翔，这时它们就以像海浪那样一上一下的姿态飞翔。身边常见的鸟类中，栗耳短脚鹎等也是这样的飞翔方式。

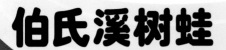

伯氏溪树蛙

基本信息

分布：本州、四国、九州等地
栖息地：河流中游
体长：4～7厘米

伯氏溪树蛙一直很受人们喜欢，因为它们有着清爽的叫声。5～8月是它们的繁殖期，雄性伯氏溪树蛙会在河滩的石头上等地方不断鸣叫吸引雌性。

在哪里呢？

伯氏溪树蛙生活在日本本州、四国、九州等地的河流中游的水边。非繁殖期的时候它们会在水边的草丛或树上活动，但是到了繁殖期就会集中在石头多的河滩上。我们也可以通过它们美妙的"嘻乐嘻乐"的鸣叫声来找到它们。

嘻乐嘻乐嘻乐～

嬉戏！

　　在改变体色方面，伯氏溪树蛙虽然比不上东北雨蛙，但是它们也会根据所在场所的不同而改变身体的颜色和纹路。将伯氏溪树蛙放入不同的容器里，看看它们是如何变化身体的颜色和纹路的吧。

与岩石的颜色相近

与树叶的颜色相近

注意！

　　将伯氏溪树蛙的蝌蚪放入水族箱中，好好地观察一下它们的嘴巴。你会发现，它们的嘴巴里有像吸盘一样的东西。这样它们就可以牢牢地吸附在物体上，防止被水流冲走。

日本蝾螈

基本信息

分布：日本本州、四国、九州等地
栖息地：河流的上游和中游的河滩的水坑
体长：雄性全长8～10厘米，雌性全长10
　　　13厘米

蝾螈与青蛙是亲戚，它们都属于两栖动物。日本蝾螈在每年4～7月繁殖。雌性比雄性的个体要大，体型矮胖。它们的肚子是红色的，所以也被称为红腹蝾螈。

在哪里呢？

日本蝾螈生活在日本本州、四国、九州等地的河流中上游的浅水坑以及水体清澈的池塘和稻田等地方。日本蝾螈也会捕食蝌蚪，所以在蝌蚪很多的地方也可以找到它们。

嬉戏!

每年的 4 ～ 7 月是日本蝾螈的繁殖期，这个时候就有机会观察到它们有趣的繁殖行为。它们首先会从侧边用鼻子来确认性别，然后一边弯曲尾巴一边爬到雌性的前方。

右边的是雌性、左边的就是雄性哦

饲养!

在水族箱里铺上 4 ～ 5 厘米厚的地衣。将小的花盆放倒，将下半部分都埋在地衣里。不要放太多水，只要地衣的一小部分浸入水中即可。饲料可以用水蚯蚓、小蝌蚪、孑孓、水蚤等。

珠星三块鱼

基本信息

分布：日本北海道、本州、四国、九州等
中国东北地区
栖息地：河流的中游及湖泊
体长：12～45厘米

在日本关东地区珠星三块鱼多被称为鲹鱼。它们的食性很杂，成长速度快，出生2～3年之后就可以繁殖了。

照片提供：琉璃的鱼笼（http：//www05.upp.so-net.ne.jp/jbarcarolle/）

在哪里呢？

在日本除了冲绳以外许多河流中游都能发现珠星三块鱼。它们偶尔也会出现在湖泊、池塘、沼泽、河流上游或下游里。它们多数会群居于流速缓慢的水域，在岸边也很容易见到。

嬉戏!

珠星三块鱼在日本分布范围很广，不同地区有不同的叫法。可以调查一下，珠星三块鱼在当地叫什么。

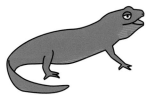
它有各种各样的名字哦

照片提供：大阪府环境农林水产综合研究所　水生生物中心

注意!

珠星三块鱼到了繁殖期，不管是雄性还是雌性，体侧都会出现美丽的橙色条纹。条纹的颜色有深也有浅。即使繁殖期结束了，有些个体还会残留这些条纹。

阿穆尔鳊

基本信息

分布：日本本州中部以北等地，中国有分

栖息地：河流的中游

体长：5～15厘米

阿穆尔鳊主要以昆虫和藻类为食。雄性1～2年性成熟，雌性2年后性成熟。每年的4～7月是它们的繁殖期，雌鱼会在水深10～50厘米的地方产卵。

照片提供：大阪府环境农林水产综合研究所 水生生物中心

在哪里呢？

在日本，阿穆尔鳊分布于从青森县到滋贺县。河流的中游是阿穆尔鳊主要的栖息地，但也会出现在流速缓慢的河流上游以及山间的池塘和沼泽等地方。它们大都是群集在一起活动，所以在岸上很容易发现它们。

嬉戏！

阿穆尔鳘常常群集在水面附近，吃掉落在水里的昆虫。在塑料瓶里灌上水，然后往水面滴1～2滴，有时候它们会误以为是落水的昆虫，一下子就会有几条阿穆尔鳘游过来。

从侧面看就能懂啦

注意！

与阿穆尔鳘在同样的地方群居的鱼还有平颌鱲。从侧面就能区分它们：体侧有着黑色粗条纹的是阿穆尔鳘，而臀鳍宽大的则是平颌鱲。

阿穆尔鳘
照片提供：大阪府环境农林水产综合研究所　水生生物中心

平颌鱲

平颌鱲

基本信息

分布：日本本州、四国、九州等地，中国·
　　　黄河流域支流上游
栖息地：河流的中游
体长：12～16厘米

平颌鱲在日本关东地区等地方被称为鲑鱼。它们是中游的代表鱼类，对环境的变化适应力强，在很多河流都可以看到大群的平颌鱲。每年5～8月它们会在多沙的水底产卵。

照片提供：贝塚市立自然游学馆

在哪里呢？

在日本本州、四国、九州等河流的中游里都可以找到平颌鱲。因为它们会经常在离水面近的地方游弋，所以在岸边也能轻易看到它们的身影。平颌鱲是很有名气的垂钓鱼种，如果有人正在钓鱼的话，说不定就会钓到平颌鱲。

嬉戏!

平颌鱲的雄性和雌性外观很相似。无论是雄性还是雌性，它们的尾鳍都很宽大，但是相对来讲雄性的比雌性的更加宽大，从这点就可以区分雄性和雌性了。

雌性

雄性

平颌鱲的婚姻色因为很美丽所以很有名气哦

注意!

平颌鱲的雄性到了春夏繁殖期，身体会变成青绿色，鳍上会有红色的花纹。这种雄鱼在繁殖期所呈现出的引人注目的颜色称为"婚姻色"。

真的很漂亮哦

照片提供：大阪府环境农林水产综合研究所 水生生物中心

香鱼

基本信息

分布:日本北海道南部、本州、四国、九州
　　　在中国也有分布
栖息地：河流的中游
体长：10～30厘米

香鱼是日本的代表性淡水鱼之一，它们以石头上的藻类为食。每条香鱼都有约1～2平方米的领地，如果有其他香鱼入侵它的地盘，它会猛烈地赶走入侵者。

照片提供：大阪府环境农林水产综合研究所　水生生物中心

在哪里呢？

在日本北海道南部、本州、四国、九州等地的河流中上游都能看到它们。秋天时，它们会顺流而下，在河口附近产卵。卵孵化成幼鱼后会游向大海或湖泊，然后在第二年的春天逆流而上，回到河流的中上游生活。

嬉戏！

每年春天，在水温达到 13～16℃的时候，小香鱼们就开始逆流而上。在水位有落差的地方我们可以看到小香鱼从水里跃出的场景。

要加油哦

很有力气嘛

注意！

香鱼的嘴巴里有着像刷子一样形状独特的牙齿，通过刮取石头上的苔藓为食。它们取食后留在石头上的痕迹称为"食痕"。

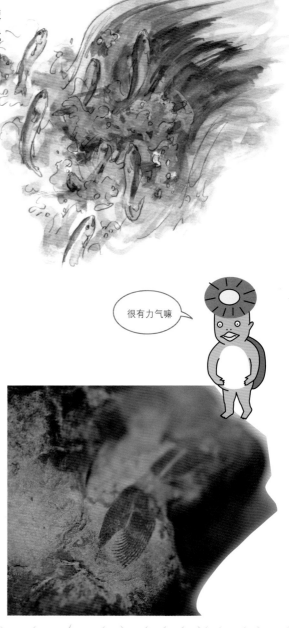

黑色蟌

基本信息

分布：日本本州、四国、九州等地，中国
体长：大约60毫米

黑色蟌也叫黑豆娘。雄性的身体蓝绿色，翅膀前缘黑色，上面会有白色的花纹。雌性的身体黑色，翅膀的前缘不带黑色，也没有白色的花纹。

在哪里呢？

黑色蟌生活在日本本州、四国、九州等地水流缓慢的河流中游或小溪、水渠等地方。它们与科氏色蟌一样，喜欢在水面上飞舞盘旋。经常停留在水边的植物或水面的石头上。

嬉戏!

在水流缓慢的小河或水渠中用小抄网将水底的落叶和泥巴一起捞上来，经常能捞到细长的虫子，这就是黑色螅的稚虫。把它们饲养在水族箱里是不是也很有趣呢。

同样都是蜻蜓，也会有这么多不一样的种类呀

咔

黑色螅

注意!

黑色螅和其他螅一样，休息时会将翅膀收起。而白尾灰蜻和碧伟蜓等在休息的时候，翅膀是张开的。调查一下不同种类的蜻蜓在休息时翅膀放置的方式也是很有趣的。

白尾灰蜻

51

角石蛾

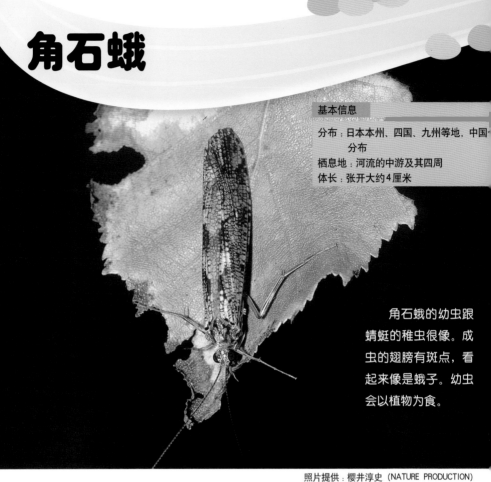

基本信息

分布：日本本州、四国、九州等地，中国
　　　分布
栖息地：河流的中游及其四周
体长：张开大约4厘米

角石蛾的幼虫跟蜻蜓的稚虫很像。成虫的翅膀有斑点，看起来像是蛾子。幼虫会以植物为食。

照片提供：櫻井淳史（NATURE PRODUCTION）

在哪里呢？

角石蛾主要生活在河流的中上游。幼虫分泌黏液将小石子粘起来筑巢，成虫有趋光性，在夜晚会飞向有亮光的地方。

嬉戏!

试着在水里找一下角石蛾的幼虫吧。发现它用小石子做成的巢穴后，一点一点地移开小石子，就能发现藏在里面的幼虫了。观察之后，要尽量将它放回之前的巢穴里。

照片提供：贝塚市立自然游学馆

有很多哦

基弯握蜉的稚虫

黑色螅的稚虫

注意!

在河流中游的石头下面，有以角石蛾类幼虫为主的各种水生昆虫，比如石蝇、蜉蝣或蜻蜓的稚虫等。来比较一下它们各自的特征吧。

角石蛾的幼虫

在河流下游生活的动物

　　河流下游的水面幅度宽广，水逐渐会变深。在河口处淡水和海水交汇在一起的地方（汽水域），有着大量的能在淡水生活又能在海水里生活的生物，一些动物的成体也在这里活动。还可以看到许多以这些生物为食的鸟类的身影。

普通鸬鹚

基本信息

分布：日本本州、九州等地，中国东北、华北、西北、华东、华南、东南、西南
栖息地：河流的下游、河口、内湾、湖泊
体长：约80厘米

普通鸬鹚是一种大型水鸟，翅膀展开时宽度可以达到160厘米左右。它们喜欢将鱼整条吞下，在日语中有"鹈吞"一词，用来形容它们这种行为。普通鸬鹚的幼鸟身上有茶色。

在哪里呢？

普通鸬鹚常常在河流的下游、河口、内湾、湖泊等有着宽广水面、又有大量鱼儿聚集的地方生活。它们以群体的形式筑巢繁殖。在冬天的时候，可以观察到一大群普通鸬鹚列队飞翔的景象。

浮在水面

嬉戏!

普通鸬鹚常常会重复潜入水中捕鱼。细心地观察一下,就可以在它刚从水中浮出准备将鱼吞食之前知道它捕到的是什么种类的鱼了。因此,我们可以通过普通鸬鹚了解这个地区都有哪些种类的鱼。

潜入水下

嗯~这儿会有什么种类的鱼呢?

注意!

乍眼一看,普通鸬鹚似乎是全黑色的,但仔细观察,它的嘴边带有黄色,脸带有白色,也算得上一种颜色鲜艳的水鸟呢。特别引人注意的是它那绿色的眼睛,可漂亮呢。

无齿螳臂相手蟹

基本信息

分布：本州、四国、九州、冲绳等地，中▌
江及以南沿海省份
栖息地：河流下游的水边
体长：宽度约4厘米

无齿螳臂相手蟹黑色的脚上长着很多硬硬的毛。当你试图去抓它的时候，它就会挥舞着大大的钳子来吓唬你。被它夹到可是非常痛的哟，一定要小心。

咔

咔

淡水和海水交汇的水域叫做汽水域哦

在哪里呢？

无齿螳臂相手蟹生活在淡水和海水交汇处的岸边，它们会在斜坡上挖洞。一下雨就会爬到河滩和道路上去。秋末到初春，它们会躲在洞穴里冬眠。

嬉戏！

将绑着鱿鱼干或鱿鱼丝的纱线放在无齿螳臂相手蟹的洞口，当它从洞里伸出一把"大钳子"夹住诱饵的时候，轻轻地拉动纱线，就能将它钓出来啦。

嗯～能做得好吗～

饲养！

在水族箱的底部铺满厚2～3厘米的碎石子。然后加入3厘米左右深的水。再用花盆和石头做几个小岛供它们攀爬。饲料可以用米饭粒或杂鱼干。

黄鳍刺虾虎鱼

基本信息

分布：日本本州、四国、九州等地，中国
　　　地区有分布
栖息地：河流的下游、河口、内湾
体长：15～25厘米

黄鳍刺虾虎鱼是最常见的虾虎鱼之一，产卵期在冬天到次年春天。雌性在"Y"字形的洞穴里产卵，雄性负责护卵。在日本黄鳍刺虾虎鱼常常被做成天妇罗（日式料理中的油炸食品），味道很好。

照片提供：贝塚市立自然游学馆

在哪里呢？

黄鳍刺虾虎鱼主要生活在内湾和河口等地，有时候也会出现在路边的水渠里。夏秋两季它们会向下游游去。这个时候，即使是垂钓初学者也可以轻易地钓到它们，是非常有人气的鱼种。

嬉戏！

虽然说自己来钓黄鳍刺虾虎鱼是很有意思的事，不过观察一下别人钓上来的黄鳍刺虾虎鱼也是一个省事的好方法。而且还可以看到许多其他种类的鱼呢。

都有什么鱼呢～

注意！

把黄鳍刺虾虎鱼放进透明的容器里，加入水，拿到光线明亮的地方去观察一下。它的眼睛如同翠鸟的背部一样，闪耀着青绿色，简直像块宝石一般。

鲤

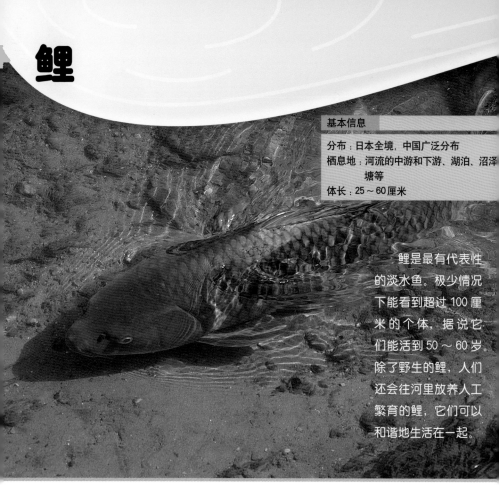

基本信息

分布：日本全境，中国广泛分布
栖息地：河流的中游和下游、湖泊、沼泽
塘等
体长：25～60厘米

鲤是最有代表性的淡水鱼。极少情况下能看到超过100厘米的个体，据说它们能活到50～60岁。除了野生的鲤，人们还会往河里放养人工繁育的鲤，它们可以和谐地生活在一起。

在哪里呢？

鲤多数生活在河流的中下游以及湖泊、沼泽、池塘等水流缓慢或者静水的地方。在小河和城市的水渠里生活着很多被人工放养的锦鲤。不仅仅是日本，世界各地除大洋洲和南美洲之外都有鲤分布。

嬉戏！

我们身边的鲤有野生的，也有被人工放养的锦鲤。锦鲤的体色与花纹非常丰富，既有全身黑色的、全身橙色的，也有带斑纹或少鳞的类型。特别留意观察一下它们不同的颜色及斑纹也是件很有趣的事呢。

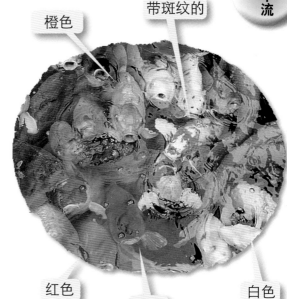

橙色

带斑纹的

红色

黑色

白色

我的同类有着各种各样的颜色，很漂亮的哦～

注意！

春天，鲤会在水面附近"吧唧吧唧"地弄起很多水花，这是它们的繁殖行为。一条雌鱼会分几次产 20 万～ 70 万颗卵。

日本鳗鲡

基本信息

分布：几乎是日本全国，中国长江、闽江
江等通海河流水域
栖息地：河流的中游和下游等
体长：40～90厘米

日本鳗鲡是大家都很熟悉的一种鱼，但我们对鳗鱼的生活习性还不是很了解。鳗鱼于每年10月到次年3月在大海里产卵，长大后洄游到河流里，到了产卵期又会游向大海。

在哪里呢？

日本鳗鲡生活在河流的中下游。白天会躲在水底石头的缝隙之间，晚上出来活动，捕食小鱼和小虾。我们吃的烧鳗鱼等料理所用的鳗鱼多数是人工养殖的。

嬉戏！

　　日本鳗鲡也会出现在与河流相通的水渠里。用抄网探寻一下水底的石头下面，就有可能会捞到它们。鳗鱼的身体非常滑，徒手是很难抓住它们的。所以捞到鳗鱼后最好直接放入盛有水的容器里。

饲养！

　　在水族箱的底部铺满5厘米左右厚的细沙，然后在里面放1～2根管子，再灌满足够的水，如果是自来水，一定要先除去氯气，并放入水泵。可以用活的小鱼和小虾来喂它们。

日本真鲈

基本信息

分布：几乎是日本全国，中国也有分布
栖息地：河流的下游、河口等
体长：20～100厘米

日本真鲈是日本各地数量不断增加的外来鱼种——大口黑鲈和小口黑鲈的近亲。在日本料理中属于白肉鱼，所以被用来制作各种各样的料理。

所谓的外来鱼就是本来不居住在那里，但随着人类的活动慢慢地开始定居在那里的鱼类

在哪里呢？

日本真鲈多数栖息于河流的下游，但是也会出现在中游。它们也可以生活在与大河相连、含有少量盐分的水中，以及流淌在市内的小水渠里。在岸上甚至能看到体形很大的日本真鲈在水里游动的身影。

嬉戏！

很多人在桥上和河岸的步道上钓鱼，他们都想钓到日本真鲈。在不打扰到他们的前提下观望，有可能会看到大大的日本真鲈被钓上来的情景哦。

能钓到吗～

咔

哇～
很恐怖耶～

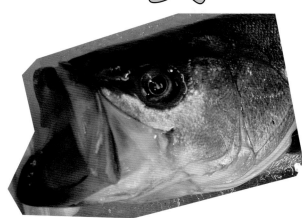

注意！

日本真鲈是凶猛的肉食性鱼类，会吃小鱼和小虾。它们的嘴很大，非常显眼。当然，加州鲈、鲶鱼、乌鳢的嘴也很大哦。

鲻

基本信息

分布：几乎是日本全，中国沿海有广泛分
栖息地：河口、河流的下游、有盐水进入
　　　　度宽广的水路等
体长：40～80厘米

它们主要生活在近岸的近海，有时也会游到河流里。胸鳍位于身体侧面较高的位置，看起来就像是鸟的翅膀。主要以水底的藻类以及小鱼、小虾等为食。

照片提供：大阪府环境农林水产综合研究所　水生生物中心

在哪里呢？

　　鲻喜欢群居在河口、河流的下游以及有一定盐度的水面宽广的水渠里。它们经常一大群一大群地出现，连水面都变得黑乎乎的一片。有时它们会在靠近水面的地方游动，所以在岸上也可以清晰地看到它们。

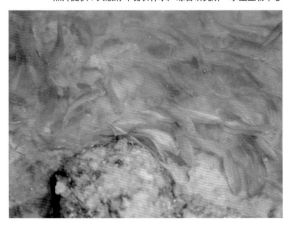

嬉戏!

在有鲻生活的河流的岸边，凝视着水面，你就会看到很多鲻鱼跳出水面，有时候会跳到接近一米的高度。至于为什么要跳出水面，至今也没有准确的合理解释。

哇～有很强的跳跃力呀～

不同地域的称呼都是不一样的，去调查一下名字也不错呀～

注意!

鲻在不同的成长阶段有不同的叫法，这种伴随鱼的成长而有不同称呼的鱼，在日语中称为"出世鱼"，比如，小的鲻在日语中叫做处女鱼、鲻子；中等大小的鲻鱼叫洲走、鲻，大的鲻鱼叫鲻、鲻。

处女鱼 鲻子　洲走 鲻　鲻 鲻

小　　中等　　大

在稻田·水渠里生活的动物

稻田里的水很浅，几乎没有水流扰动，像青鳉一类的小动物喜欢生活在这里。另外，水渠的水也不深，水流缓慢，在这里可以找到许多小鱼和蜻蜓的稚虫。

咯咯

斑嘴鸭

基本信息

分布:几乎是日本全国,中国东北、华北、华南、
　　　东南、西南
栖息地:水田和水池
体长:约60厘米

几乎全年都可以看到斑嘴鸭。雌鸭和雄鸭的颜色和花纹几乎一样。我们经常在电视和报纸看到初夏时它们带着雏鸭四处玩耍和游水的报道。

在哪里呢?

全年几乎任何时候都可以在稻田、池塘、沼泽和河流等地方见到斑嘴鸭活动的身影。它们偶尔也会出现在城市公园的喷水池以及学校的游泳池这些地方。当然,我们也能通过"呱啊、呱啊"的叫声及"嘿、嘿、嘿"扇动翅膀的声音来找到它们。

嬉戏!

虽说在日语中，斑嘴鸭会被写成汉字"轻鸭"，但是在鸭子里它们的体重可不轻呢。大约跟一升牛奶的重量相当，所以下次喝牛奶的时候可以顺便感受一下它的重量。

到底是轻，还是重呢？咯咯

斑嘴鸭

注意!

秋天和春天的水面上会有许多种类的鸭子聚集在一起生活，我们很难从中找到到底哪一只才是斑嘴鸭，这个时候注意观察，嘴巴尖是黄色的便是斑嘴鸭啦。

小白鹭

基本信息

分布：日本本州、四国、九州等，中国东北、华北、华南、西南、东南
栖息地：水田和水渠的旁边
体长：约60厘米

有很多类似的鸟都被我们称为"白鹭"，但我们平时最常见的就是小白鹭。初夏，它们会群集在靠近水边的树丛中繁殖。

在哪里呢？

几乎全年都可以在水边看到它们。每当插秧的时候，就会看到几只小白鹭聚在一起在稻田里活动，还能看到它们飞行的姿态。虽然它们会发出带着鼻音的"聒啊、聒啊"的声音，但人类不容易听见。

嬉戏！

小白鹭喜欢在水浅的河流等地方抓小鱼和小虾。它们捕食的方式非常有趣：在水里不断地轻微搅动，将猎物赶出，然后用嘴巴迅速地抓住。

注意！

"白鹭"这些鹭鸟长得都非常相似，不了解的情况下很难轻易地将它们区分开来。但是，小白鹭有一个很明显的特点，就是它们的脚趾是黄色的。当它们在天空中飞翔的时候可以注意观察。

东北雨蛙

基本信息

分布：几乎是日本全国，中国黑龙江、吉林、
　　　辽宁、内蒙古、河北、北京
栖息地：水田和小河的四周等
体长：3～4厘米

　　东北雨蛙在日本叫"日本雨蛙"，从名字就可以知道它是日本有代表性的一种蛙，它们跟中国雨蛙很相似，但是很难在市区找到它们。在春天，雌蛙会在稻田和水浅的水池等地方产卵。卵会在两三天孵化，从蝌蚪变成蛙大约需要一个月的时间。

在哪里呢?

　　从春天到秋天，东北雨蛙会一直生活在稻田和小河的周围。在春天，处于繁殖期的雄蛙在晚上会发出"呱……呱……"的求偶声，非繁殖期里，每当快下雨的时候，则会发出"咯……"的叫声，我们可以通过它们的叫声来确定它们的位置。

在哪里呢?
咯咯

嬉戏!

东北雨蛙会根据环境的变化改变自己身体的颜色。生活在稻田等光线明亮地方的东北雨蛙，身体颜色呈黄绿色，如果将它们放入黑乎乎的容器里，一会儿就变成深绿色了。大家可以去试一下哟。

黄绿色

为了保护自己，躲避天敌，将身体的颜色和纹路与环境融为一体是很有必要的哦

喀

喀

茶色

饲养!

准备一个有孔带盖子的盒子。在底部铺上 5 厘米左右厚的落叶，然后将树枝斜放在里面。用喷雾器喷些水，让环境有一定的湿度。可以用镊子喂一些小昆虫给它们吃。

粗皮蛙

基本信息

分布：日本本州、四国、九州等地，
中国的黑龙江、吉林、辽宁
也有分布
栖息地：水田、湿地
体长：雄性3.5～4厘米
雌性大约6厘米

粗皮蛙的身体上有很多疙疙瘩瘩的突起，所以也被称为"癞皮蛙"。每年5～8月的繁殖期雌蛙会在水草上产卵，每次产大约1000枚卵。当感到危险时会发出独特的气味。

在哪里呢？

粗皮蛙生活在人为干扰相对少的自然环境中，例如稻田和湿地，所以几乎不可能在城市中找到它们，当然有时也可以在防火用水的蓄水池中等地方见到它们。雄蛙在初夏的繁殖期里会发出"赳～赳～"的叫声，可以通过叫声来找到它们。

嬉戏!

可以说它们是"稻田里的忍者"。因为粗皮蛙的颜色几乎与泥土一模一样,一动不动地待在稻田这些地方,发现它们是有一定困难的。这时就要有点耐心,蹲在田埂旁仔细观察,识破它们的"忍术"。

能找到吗?
咯咯

饲养!

准备一个有盖子的箱子。在底部铺上5厘米左右厚的落叶,将花盆倾斜放进去并将下半部分用泥沙埋起来。用喷雾器向箱子里喷水,让环境保持一定湿度。用镊子喂一些小昆虫给它们当食物。

79

施氏树蛙

基本信息

分布：日本本州、四国、九州等地
栖息地：水田及其四周的草丛
体长：雄性3.5～4厘米
　　　雌性5～6厘米

施氏树蛙与东北雨蛙一样，眼睛周围没有黑色。春天的时候，它们会在稻田的田埂边挖洞产卵。卵的外面被白色泡沫包裹着。

在哪里呢？

从春天到秋天，可以在稻田及其四周的草丛或树林中找到它们。繁殖期的雄蛙会躲在洞里"叽沥沥、叩乐乐"地鸣叫，所以即使想凭借声音来找到它们也不太容易。

嬉戏!

施氏树蛙也会为了保护自己、躲避天敌，根据环境来变换身体的颜色。将在泥土上抓到的施氏树蛙放到盛满绿叶的容器里，过不了多久它们茶褐色的身体就变成鲜艳的绿色。

茶褐色

上面的照片不就是正要产卵时的样子嘛

绿色

注意!

施氏树蛙名字中的"施氏"是指活跃于 19 世纪的德国动物学家赫尔曼·施勒格尔。因为是他首先研究这种蛙，所以这种蛙就以他的名字命名了。

日本锦蛇

基本信息

分布：日本北海道、本州、四国、九州等
栖息地：水田和小河流的四周和河岸地
体长：1～2米

日本锦蛇是无毒蛇，性格也很温顺，只要不近距离地接触它们，悄悄地进行观察是没有问题的。因为它们以鼠类为食，所以在日本它们被称为家的守护神而备受珍惜。

在哪里呢？

日本锦蛇常常生活在靠近水边的地方，也会在旧房子和学校、工厂等地方出没，所以在城市也能看到它们。每年6月和11月它们的活动频繁，经常出现在路上，有时会把人吓到。

6月的时候为了追求凉爽，11月的时候为了追求温暖，它们会在这两个时期频繁活动，所以经常可以发现它们哦

原来如此！咯咯

嬉戏!

日本锦蛇体色以暗绿色为主，但也有黑色条纹显著的、偏青色的、偏茶色的个体。白化个体被称为"白蛇"或"神的使者"。

在日本山口县岩国市发现的白蛇（日本锦蛇白化个体）被指定为日本国家天然纪念物

日本锦蛇的幼蛇

注意!

日本锦蛇的幼蛇整个身体都带有茶色的圆斑，与有毒的蝮蛇很像。所以在观察幼蛇的时候要十分注意，不要把蝮蛇误以为是日本锦蛇，被咬到是很危险的。

蝮蛇

日本沼虾

日本沼虾属于长臂虾的一种，顾名思义，它们的"手"（第二胸足）很长。特别是雄性的手臂可以达到 1.5～2 倍身体的长度。日本沼虾的体色多变，有带一点绿色的、茶色的和红褐色的。

基本信息

分布：日本本州、四国、九州等地，中国均有分布
栖息地：小河流等等
体长：8～10厘米

在哪里呢？

日本沼虾常常会出现在水渠、河流的中下游等水流缓慢的地方，也会出现在水塘、沼泽、湖泊等静水的地方，它们喜欢水底有泥巴的地方，暖和的时候会很活跃地出来活动，这个时候就很容易发现它们。

嬉戏！

每年的 5 月到 7 月是日本沼虾的繁殖期，这个时候它们会到水浅的地方产卵，不防享受一下钓虾的乐趣吧。用一根一米左右长的棍子在头上绑上一条鱼线，然后在鱼线的另一头绑上钩，钩上再挂上蚯蚓做诱饵就可以啦。

可以钓到吗
咯咯

饲养！

在有盖子的水族箱底部铺上厚 2～3 厘米的细沙砾，然后在上面放上石头和沉木。再注入水，如果是自来水，先除去氯气，插上充氧泵就可以了。饲料就用金鱼饲料或杂鱼干。

85

青鳉

基本信息

分布：几乎是日本全国，中国广布
栖息地：水田，小河流等等
体长：2～3.5厘米

青鳉在日本全国有 5000 种以上的叫法。凭这点就可以知道它们在日本是有多么广为人知。中国许多地方也有青鳉分布。但是，现在人们开始担心它们会灭绝了。

照片提供：大阪府环境农林水产综合研究所　水生生物中心

在哪里呢？

青鳉群居在稻田、小河等靠近水面的地方。在还残留着旧时农村风貌的地方还有它们的踪影，但是它们不会出现在城市里的河流水渠中。很多青鳉的栖息地被越来越多的食蚊鱼和孔雀鱼等外来入侵种占领，所以在野外找到它们的机会越来越少了。

嬉戏!

以前人们用毛巾这种工具来捕捉青鳉，这样的好处是不会伤到捕上来的青鳉。如果有机会的话，两人在水里或小河里，分别拿着毛巾的两边，从青鳉鱼的下面悄悄地捞起它们来试试看吧。

比较看看呀

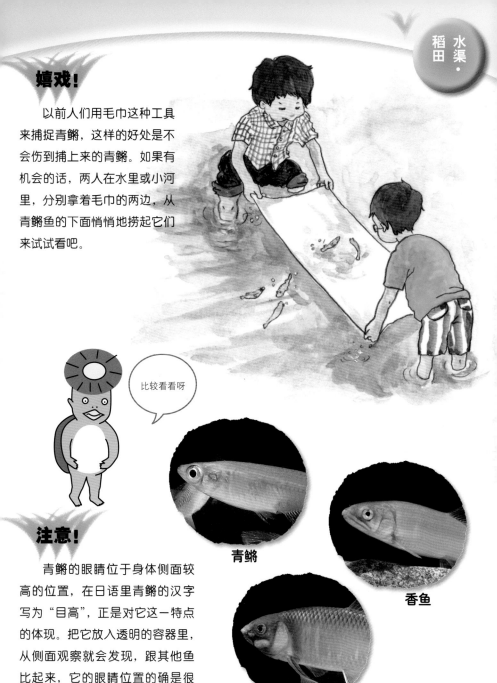

青鳉

香鱼

平颌鱲

注意!

青鳉的眼睛位于身体侧面较高的位置，在日语里青鳉的汉字写为"目高"，正是对它这一特点的体现。把它放入透明的容器里，从侧面观察就会发现，跟其他鱼比起来，它的眼睛位置的确是很高的。

照片提供：大阪府环境农林水产综合研究所　水生生物中心

泥鳅

基本信息

分布：日本，除青藏高原外中国各地均有
　　　分布
栖息地：稻田、小河流等等
体长：10～15厘米

泥鳅与青鳉一样，都是广为人知的鱼。它们喜欢在泥底爬来爬去，以蚯蚓、水蚤和藻类为食。每年4～8月是泥鳅的繁殖期，雌性会将卵产在水草的根或茎上。

在哪里呢?

从春天到秋天，我们可以在稻田和小河流底部有泥巴的浅水中找到它们。冬天时，泥鳅会潜到泥巴中冬眠，这个时候去刨稻田里的泥巴就有可能刨出泥鳅。它们的生命力很顽强，只要泥土里有一点点的湿气它们就可以生存。

嬉戏！

把泥鳅放到水族箱中观察一下吧。你会看到它们时不时地浮出水面用嘴巴吸入空气，然后从肛门那里就像放屁一样排出一堆气泡。这是因为泥鳅可以靠肠道来呼吸。

饲养！

准备一个带盖子的水族箱，底部铺满3～4厘米的细沙。将花盆倾倒并将一半左右都埋入细沙里。倒入水，如果是自来水要除去氯气。饲料可以用蚯蚓、米糠、豆饼等。

麦穗鱼

基本信息

分布：日本，中国广布
栖息地：小河流、水路等等
体长：雄性6～12厘米
　　　雌性5～8厘米

在日本关东地区，人们把麦穗鱼叫"口细"，以此形容麦穗鱼那无法张开太大的嘴巴。雄性在3月的繁殖期来临时，身体的颜色会变得黑乎乎的。

照片提供：贝塚市立自然游学馆

在哪里呢？

麦穗鱼喜欢群居在小河流的水底及水渠岸边附近的芦苇丛中。它们对环境适应力很强，在很脏的水中也能生活。在我国的云贵地区，由于引进四大家鱼而将麦穗鱼一起带入，对高原湖泊原生鱼产生威胁。

嬉戏！

把大饮料瓶带盖子的上半部剪开，放入饵料，然后将剪下的那部分倒过来压紧到大瓶子里去，绑上绳子丢入水中，一小时左右后拉上来，就可以抓到很多麦穗鱼哦。

注意！

麦穗鱼从头部到尾部的条纹与身体是纵向还是横向呢？正确答案是纵向。用人类的衣服打比方，从头到屁股位置的线是纵向。在鱼身上也是这样的。

照片提供：大阪府环境农林水产综合研究所　水生生物中心

91

银鲫

基本信息

分布：几乎是日本全国，中国盛产于黑龙辽河流域

栖息地：小河流、水路、水池、沼泽等

体长：10～25厘米

银鲫一般被叫为鲫鱼，它与鲤最大的不同点之一在于银鲫没有胡须。不可思议的是大多数地方我们都只能看到它的雌性及幼鱼。

照片提供：贝塚市立自然游学馆

在哪里呢？

在日本，全年任何时候都可以发现它们活动的身影。成鱼会在湖泊、池塘、沼泽及大河中下游等地方生活。而在小河、水渠和稻田等地方可以看到幼鱼。它们有时候也会出现在河口的汽水域。

嬉戏!

抬网——四个面之中只有一面是打开的,像簸箕一样形状的网,在渔具店等地方可以买到。使用这种网可以抓到不少银鲫,一定要挑战试试哦。

饲养!

水族箱的底部铺满细沙。倒入去除漂白粉的自来水和少量水草,加上充氧泵。饲料可以用喂金鱼的饲料。可以将它们与泥鳅混养在一起,泥鳅会把沉积在底部的残余饲料吃得干干净净。

田螺也会将缸壁面上的青苔吃掉,所以混养在一起是很不错的哦

是水族箱的清洁能手哦咯咯

方形石田螺

基本信息

分布：日本本州、四国、九州等地，中国除
　　　藏外广泛分布
栖息地：水田、水渠等等
体长：外壳高度约3.5厘米、外壳直径约2
　　　厘米

方形石田螺与大田螺和中华圆田螺一样，统统被称为田螺。卵在雌性的身体内孵化，以小螺的形式排出体外。这种介于卵生和胎生之间的生殖方式叫做卵胎生。

照片提供：贝塚市立自然游学馆

在哪里呢？

方形石田螺喜欢生活在稻田和水渠等静水或者水流缓慢的水域。适应性强，即使水很脏的地方也可以看到它们。不仅在水底，它们还会爬到混凝土的墙壁、木桩、水草等物体上。冬天会钻进泥巴之中越冬。

嬉戏！

来学习一下如何区分螺的雌雄吧。把几只方形石田螺放入透明的容器中，观察它们两根长长的触角，左侧的触角几乎是笔直的，而右侧的触角是弯曲的就是雄性，两边都几乎是笔直的则是雌性。

雄性　　　　　　　**雌性**

饲养！

在带盖子的水族箱的底部放入饲养热带鱼用的沙子，然后栽种一些水草。倒入除去漂白粉的自来水至一半的位置。饲料可以用热水焯过的菠菜和油菜等。

日本医蛭

基本信息

分布：几乎是日本全国，中国广布
栖息地：水田、沼泽等等
体长：普通的状态下3～4厘米
　　　伸长的时候6～8厘米

日本医蛭俗称蚂蟥。它们通过口部很多细小的牙齿咬破人类或其他动物的皮肤吸血。在它吸血的时候，人或其他动物几乎不会感觉到疼痛。

照片提供：贝　市立自然游学馆

在哪里呢？

　　日本医蛭生活在没有被农药污染过的稻田和水浅的沼泽。一旦在一个地方发现一条，那么这周围一定会有大量的日本医蛭。秋末到春初的时候，它们会钻入泥巴之中越冬，这个时候就很难看到它们的身影了。

嬉戏！

发现日本医蛭后，蹲在岸边慢慢地观察一下它们的行为吧。它们不仅可以变长变短，还可以变圆或变扁。游泳的姿态像波浪一样，身体上下扭动。

变长啦

缩短啦

被咬到也没有问题吗？咯咯

日本医蛭没有毒性。万一被咬到，用浓盐水或者除虫喷雾喷一下它，它就会从你的身体上脱落下来，然后对伤口进行消毒后贴上创可贴就没有问题啦

注意！

日本医蛭生活在水里，还有一类蛭生活在山里，他们叫山蛭。山蛭平时躲在落叶下，当有梅花鹿等大型动物经过它附近的时候，它就会黏附到动物的身上去吸血。

秋赤蜻

夏初时，秋赤蜻会在平原的水边羽化，在盛夏时转移到山上生活，秋天时为了产卵又会回到平原。因为稻田越来越少等原因，比起以前，现在很难看到它们了。

基本信息

分布：日本北海道、本州、四国、九州等 中国华北有分布
栖息地：水田、水池、沼泽等等
体长：约40毫米

秋赤蜻在产卵的时候，会如照片那样以雌性在下雄性在上的方式一起飞行。

上面的是雄性下面的是雌性

在哪里呢?

春天时，可以在稻田和水浅的池塘里看到稚虫。夏初的时候成虫在稻田和水浅的池塘水面及周边生活。盛夏的时候则迁飞到高原，秋天的时候又回稻田和池塘繁殖。有时候它们也会在下雨形成的水坑中产卵。

嬉戏！

如何徒手捕捉蜻蜓呢？要记住，肯定不能直接从它的前面捏，而是要悄悄地从它后面靠近，然后用食指和中指迅速地夹住它的翅膀，这才是最好的方法。观察后请放掉它们哦。

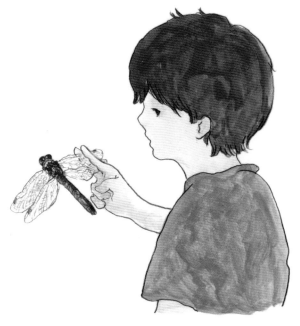

饲养！

蜻蜓的成虫是无法饲养的，我们可以饲养蜻蜓的稚虫——水虿。用一个浅的容器，倒上三分之二的水，再放入破碎的花盆及剑山（插花的工具）。在剑山上插入小树枝或一次性筷子。饲料可以用蚯蚓等。

白尾灰蜻

雄性

雌性

基本信息

分布：几乎是日本全国，中国广布
栖息地：水田、水渠、公园的水池、水塘
体长：50～55毫米

通常人们把白尾灰蜻就叫蜻蜓。雄性灰白色，身上有像撒了盐粒般的白色杂点，雌性黄褐色，所以也会被叫做麦秆蜻。

在哪里呢？

从春天到秋天都可以在水边看到白尾灰蜻。特别是在稻田和公园的水池等地方最容易发现它们。有时它们还会飞到学校的游泳池去，游泳的时候就有可能发现它们哦。白尾灰蜻的稚虫长着许多的毛。

嬉戏！

可以捉一只雄性的白尾灰蜻，在光线好的地方观察一下它的眼睛。转换不同的角度，就可以看到它的眼睛反射出淡蓝色。日本有一首歌唱的是"蜻蜓的眼镜是淡蓝色的呀……"或许唱的就是这种蜻蜓哦。

蜻蜓的眼镜是淡蓝色的呀~
咯咯

白尾灰蜻

注意！

水边还会有长得与白尾灰蜻非常相似的异色灰蜻。白尾灰蜻的体色暗，后翅基部略带黑色，个体比异色灰蜻小，不过，在野外实际观察时很难通过大小来分辨它们。

异色灰蜻

圆臀大鼋蝽

基本信息

分布：日本北海道、本州、四国、九州等地、
　　　中国广布
栖息地：水田、水路、水池、沼泽等等
体长：大约15毫米

有点出乎意料的是圆臀大鼋蝽（水鼋）是与蝉和蝽等昆虫同属一个大家庭的。注意一下，经常有两只水鼋一上一下地叠在一起，那是它们正在交配呢。

在哪里呢？

春天到秋天的时候，圆臀大鼋蝽会群居在稻田、水流缓慢的水渠或水池的水面上。到了晚上，它们会像蛾子和金龟子那样，有趋光性，向自助售卖机或室外灯光明亮的地方飞去。冬天它们会在水边的落叶下面越冬。

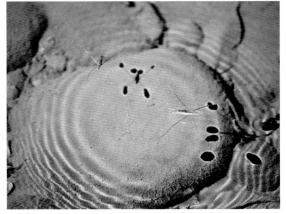

嬉戏！

拨动音叉，将音叉放入有圆臀大鼋蝽活动的水面附近，会发现圆臀大鼋蝽朝着音叉的方向划来。这是因为它们误以为音叉所制造出来的小水波是昆虫掉落水中挣扎时所形成的。

音叉是为了调整乐器的音高而使用的工具哦

这样呀咯咯

饲养！

往带有盖子的容器里放入一半左右的水，再放入一些浮水植物。因为圆臀大鼋蝽会吸食落在水面的昆虫的体液，所以要时不时地喂它们一些活的小虫子。

103

在湖泊·池塘·沼泽里生活的动物

在湖泊、池塘或沼泽里，生活着许多对污染耐受力强、喜欢静水的动物，这之中有许多都是外来入侵物种。

喀

喀

普通翠鸟

基本信息

分布：几乎是日本全国，中国东北、华北、西北、
　　　华中、华南、东南、西南等地
栖息地：水池、沼泽、小河流等等
体长：约17厘米

普通翠鸟被誉为"水边的宝石"，颜色非常美丽。它们在水边的泥墙等地方挖洞，有时候也会在管道里筑巢养育下一代。

在哪里呢?

在小鱼虾丰富的水池、沼泽以及河流的附近都会有普通翠鸟活动。它们有时也会出现在岩石多的海岸边上。听到"嘁～"的叫声后马上顺着声音的那个方向寻去，有可能看到它们掠过水面飞翔的身姿哦。

嬉戏！

如果看到普通翠鸟站在树枝或水边栏杆上，那么就停下脚步仔细观察一下吧。有可能会看到它们飞入水中捕食的情景哦。幸运的话，还会看到它们叼着捕来的小鱼飞回原来停留的地方。

注意！

普通翠鸟的雄性和雌性通过嘴巴就可以简单地区分开来。嘴巴上下都是黑色的是雄性，而上面是黑色的下面是红色的是雌性。

雄性　　　　　**雌性**

美洲牛蛙

基本信息

分布：几乎是日本全国，中国的为外来入侵物种
栖息地：水池和沼泽等等
体长：10～20厘米

美洲牛蛙会发出"啵～啵～"这样的有点儿像牛一样的叫声，所以人们才会给它起了这样的名字。美洲牛蛙被作为食物引入中国，在很多地区已经变成外来入侵物种。

在哪里呢？

美洲牛蛙是从美国引进的，在一些地区池塘、沼泽和水渠里已经形成稳定种群。小牛蛙会发出"咯～"的一声叫后跳入水中，凭声音可以知道它们在哪里。

嬉戏!

在一根长一米左右的棍子尖上绑上风筝线,然后在线的另一头绑上一条10厘米长的小细条碎片。将它悄悄地靠近露出水面的美洲牛蛙面前,它会误以为是食物而把嘴巴张得大大的、跳起来扑向"食物"。

好大的嘴哦

注意!

美洲牛蛙的卵孵化后会以蝌蚪的形态过上一两个冬天。如果冬天在池塘或沼泽的水中看到大大的蝌蚪的话,这些大部分可能都是美洲牛蛙的蝌蚪。

密西西比红耳龟

基本信息

分布：几乎是日本全国，中国的为外来入侵
栖息地：水池、沼泽、水路等等
体长：外壳长 12～28 厘米

密西西比红耳龟
的眼睛后方有一条细
长的红纹，便有了红
耳龟这样的名字。

虽然叫红耳龟，但实际
上那红色的并不是它
的耳朵哦

在哪里呢？

北美洲是密西西比红耳龟
的原产地。原先它们被当做宠
物饲养，由于饲养不当的逃逸
或人为放生，变为外来入侵物
种。在春天到秋天的时候，可
以在水草丰富的池塘或沼泽等
地方找到它们。

龟的耳朵被皮肤包裹在下
面，从外面是看不到的

嬉戏!

密西西比红耳龟对人很敏感，从远处看着它们好像是在悠闲地晒太阳，一旦靠近，它们便会"扑通"地掉到水中逃走。去挑战一下，看看你能与它们保持多近的距离呢?

一定要静悄悄地哦

饲养!

往水族箱里放入大约 5 厘米左右厚的细沙。水深 10 厘米左右。然后放入两块大一点的石头来当小岛。饲料可以在宠物店买到专业的龟粮，也可以喂杂鱼干和小沙丁鱼。

乌龟

基本信息

分布：日本本州、四国、九州等地，在中国
　　　类中分布最广
栖息地：水池、沼泽等
体长：壳长10～25厘米

乌龟的眼睛后方有黄色条纹。繁殖期在初夏，雌龟会在岸边湿润的泥土中产4～11枚卵。

在哪里呢?

乌龟生活在有充足阳光的池塘或沼泽里。有时候也会出现在稻田和小河里。在寺庙的水池里经常会有大量人类放生的乌龟。它们喜欢在池中露出水面的大石头上悠哉地晒太阳。

嬉戏!

悄悄地接近正在晒太阳的乌龟，它们不像密西西比红耳龟对人那么敏感。应该可以走到离它们很近的地方观察吧。

好像很舒服呀~

注意!

龟给我们的印象都是慢腾腾的，但在捕食时，它们也可以很迅速。饲养乌龟的时候，可以喂一些活的小鱼小虾，它们会静静地埋伏着，然后突然伸出脖子发起攻击。

实际上我也会摆出这样的神情哦

克氏原螯虾

基本信息

分布：日本本州、四国、九州等地，中国的
外来入侵物种
栖息地：水池、沼泽、水路、水田等等
体长：大约10厘米

克氏原螯虾在中国称为
"小龙虾"，是非常受欢迎的
食材。它们是杂食动物，只
要是能吃的东西几乎是来者
不拒。它们的天敌是美洲牛
蛙，有时候会看见从美洲牛
蛙口中吐出红色的螯虾。6
厘米以下的克氏原螯虾体色
通常是棕色的。

在哪里呢？

据说，克氏原螯虾是在19
世纪20年代，作为养殖牛蛙的
饲料而从美国引入日本，现在中
国也大量饲养用作食物。春天到
秋天，在池塘、沼泽、水渠等许
多地方都可以看到它们。它们对
环境的适应力很强，有时一些脏
水里也会有克氏原螯虾。

嬉戏！

在一米左右长的棍子上绑上风筝线，在线的另一头绑上长10厘米、宽1厘米左右的鱿鱼干，然后放入池塘、沼泽里。用不了多久就可以钓到克氏原螯虾了。

被钳到的话感觉会很痛的样子呀～

饲养！

在鱼缸里铺上2～3厘米厚的细沙，再放一两个花盆供它们躲藏，花盆的下半部埋在沙子里，水深20厘米左右即可。它们很爱吃莴笋，也可以喂活的小鱼、小虾。

从上面抓住克氏原螯虾的背部就不会被钳到哦

咔

咔

大口黑鲈

大口黑鲈与小口黑
鲈一样，一般都称为黑
鲈。大口黑鲈是凶猛的
肉食性鱼类，会捕食各
种鱼类或水生昆虫，破
坏原来的生态平衡。

在哪里呢？

大口黑鲈原产于北美洲，
在日本，由于人为放生，导致
在许多本无大口黑鲈分布的水
域中也有了它的身影。19 世
纪 70 年代它作为养殖对象引
入中国。

嬉戏!

大口黑鲈和小口黑鲈是很有人气的垂钓对象。同时，它们的肉质十分鲜美。偶尔有小店会出品以大口黑鲈为原料制作的料理。

真的好吃吗?

可以清蒸和红烧

日本真鲈

注意!

大口黑鲈与日本的原生种类日本真鲈外形很相似。虽然很少机会可以同时看到这两种鱼，但是可以通过右边的照片进行比较。

知道哪个是哪个吗~

大口黑鲈

照片提供：大阪府环境农林水产综合研究所　水生生物中心

蓝鳃太阳鱼

基本信息

分布：日本本州、四国地，中国的为外来入
　　　物种
栖息地：湖泊、水池、沼泽等等
体长：约20厘米

和大口黑鲈和小口黑鲈一样，蓝鳃太阳鱼也是一种外来入侵物种，在许多地方形成自然种群。如名字一样，它的体色带有略微的蓝色。

照片提供：大阪府环境农林水产综合研究所 水生生物中心

在哪里呢？

蓝鳃太阳鱼原产于北美洲。据说最初是在 20 世纪 60 年代被引入日本伊豆半岛的一碧湖，之后在本州、四国等地方逐渐扩散。蓝鳃太阳鱼栖息于湖泊、池塘、沼泽等地方，也会出现在街心公园的水池里。

嬉戏！

蓝鳃太阳鱼属于鲈形目棘臀鱼科太阳鱼属。太阳鱼属的特点是鳃盖后缘有一个黑色似耳状的软膜。

在天然的水中有蓝鳃太阳鱼在并不是什么好事哦

注意！

在池塘等地方钓鱼时，如果钓上蓝鳃太阳鱼的话，可以认为那里的生态系统已经开始受到破坏了。蓝鳃太阳鱼存在与否是了解一个地方的生态系统是否受到破坏的一个线索。

外来鱼

本土鱼

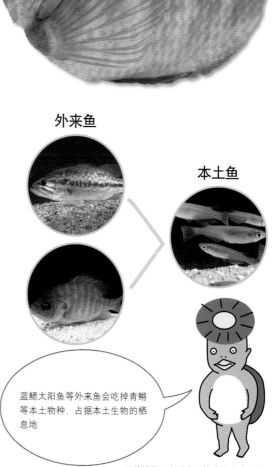

蓝鳃太阳鱼等外来鱼会吃掉青鳉等本土物种，占据本土生物的栖息地

照片提供：大阪府环境农林水产综合研究所 水生生物中心

119

玉带蜻

基本信息

分布：日本本州、四国、九州、冲绳等地，
　　　国广布
栖息地：水池、沼泽
体长：40~45毫米

雄性的玉带蜻腹基部是白色的，在天空中飞行时就像一小条洁白的玉带。雄性会在水面上空巡飞保护自己的领地，雌性的腹基部三分之一是黄色的。

雄性

雌性

在哪里呢？

在日本，每年6月至9月，除北海道之外许多海拔低的池塘和沼泽都能见到玉带蜻。雄性经常在水面上飞行巡视领地，雌性则喜欢在水边的树林中活动。

嬉戏！

在日语中，玉带蜻也会被称为"萤火虫蜻"。这是因为，它们在光线昏暗的地方飞行的时候，白色的"腰带"很显眼，看起来就像萤火虫一样。大家也去野外验证一下吧。

很漂亮吧~

注意！

雄性玉带蜻的领地意识很强。一旦有别的雄性玉带蜻进入自己的地盘，它们会强势地去追赶对方。追赶过程中，哪只先占领原先的地盘，哪只就可以拥有这片领地。

碧伟蜓

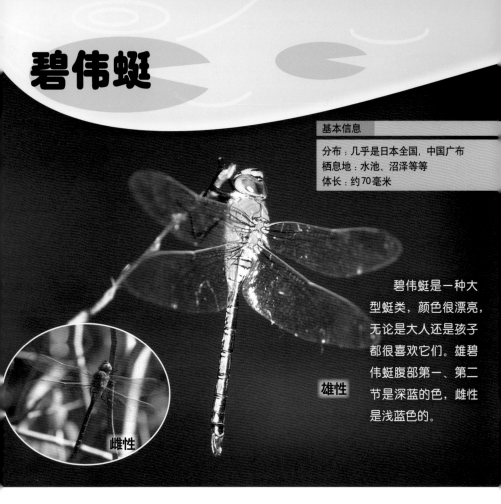

基本信息

分布：几乎是日本全国，中国广布
栖息地：水池、沼泽等等
体长：约70毫米

碧伟蜓是一种大型蜓类，颜色很漂亮，无论是大人还是孩子都很喜欢它们。雄碧伟蜓腹部第一、第二节是深蓝的色，雌性是浅蓝色的。

雄性

雌性

在哪里呢？

每年的5月到11月，大部分有充足阳光的池塘和沼泽的水面都可以看到它们。雄性的碧伟蜓会在自己固定的地盘内飞行，即使错过没有看清，只要在那里安静地等待，不一会儿它就会再飞回来。

嬉戏！

　　用捕虫网捉一只雌性碧伟蜓，然后将它捆在风筝线上，拽着它在有碧伟蜓活动的水面上飞行，马上会有雄性蜻蜓过来想与它交配，这时就可以轻易地捉到雄性了。人们将这种捉蜻蜓的游戏叫"钓蜻蜓"。当然，蜻蜓的成虫是无法在人工环境下饲养的，捉住蜻蜓观察后记得把它们放掉哦。

注意！

　　在学校的泳池进行"水虿救出大作战"时，有时候会抓到很大的蜻蜓的稚虫，这些基本上都是碧伟蜓。在教室或家中饲养蜻蜓的稚虫也是一件很有趣的事情呢。

后记

　　大家小时候会在什么地方玩耍呢？玩室内游戏，一伙人一
公园等等，有多种的回忆吧。其中，也会有在附近的河边向大
着的小溪里寻找生物，一直盯着浮在雨水形成的水坑中的水黾

　　人们都很喜欢待在水边，因为在那里可以享受各种乐趣，
是一样的。只是很遗憾的是，最近能给孩子们嬉戏的环境越来
门去玩儿的机会也变少了，所以几乎没有什么机会去水边亲近

　　从今年的夏天开始，带上这本书，试着和孩子们一起去水
话还可以适当地采集一些带回家好好地饲养观察。不管是小孩
仅可以发现很多有趣的事物，而且还可以以此为契机思考一下

……是做运动，和大人们一起去主题

……人们学习钓鱼，在露营地前流淌

……。

……现各种事物。现代的小孩子也

……少了，大人们带上孩子一起出

……然了。

……观察各种各样的生物，可能的

……还是大人，通过这样的活动不

……们应该如何对待地球的环境哦。

佐佐木 洋

生物的索引

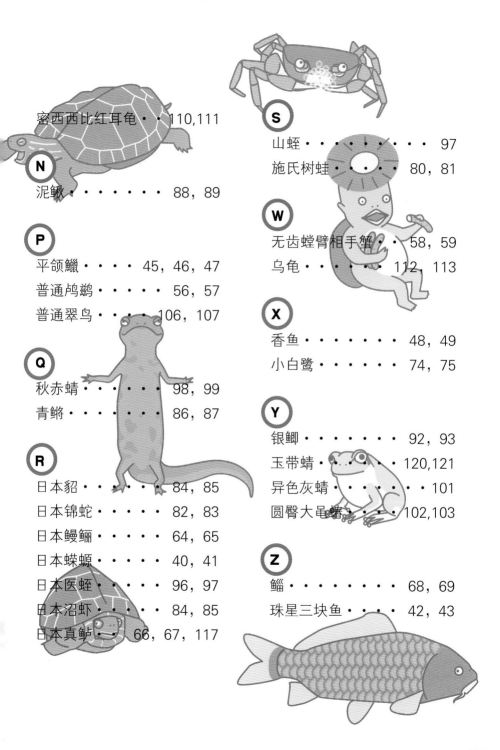

图书在版编目(CIP)数据

有趣的水边动物 / （日）佐佐木 洋著；张小蜂，冯师娜，雨晴译. —— 北京 ：中国林业出版社，2017.2
（爱自然巧发现）
ISBN 978-7-5038-8912-7

Ⅰ.①有… Ⅱ.①佐…②张…③冯…④雨… Ⅲ.①水生动物-青少年读物 Ⅳ.①Q958.8-49

中国版本图书馆CIP数据核字(2017)第022066号

编辑协助·设计　g-grape株式会社
插图·图版　西谷 久、津和崎彰子、鹤崎 泉
照片协助　佐佐木 洋，冈田 徹，照片库，高野信久，森田 健太郎（独立行政法人水产综合研究中心 北海道区水产研究所 鲑鳟资源部 繁殖保全团体），桥本 浩基，大阪府环境农林水产综合研究所，水生生物中心，青木 典司，贝塚市立自然游学馆，冈本 隆，三朝町立西小学校，佐久间 聪，相泽直人（琉璃的鱼笼），东京都岛署农林水产综合中心，高桥 克成，鸟居 亮一（三河淡水生物网络），桥本 龙志，镖木 能光，财团法人岩国白蛇保存会，秋山 博，屋铺 英人，中岛 幸一，天龙川综合学习馆河童，吉川 久光，Payless Images，樱井 淳史（自然信息提供）
参考文献　《日本的野鸟野外指南》高野 伸二 著 [（财）日本野鸟会]，《日本的哺乳类》阿部 永等人著（东海大学出版会），《日本产淡水贝类图鉴②含汽水域的全国淡水贝类》增田 修·内山 龍 著(Pisces出版社)，《淡水虾·蟹手册》山崎 浩二 著（文一综合出版），《日本动物大百科 两生类·爬虫类·软骨鱼类》日高 敏隆 著（平凡社），《蜻蜓的全部》井上 清·谷 幸三（蜻蜓出版）

有趣的水边动物

出　版　中国林业出版社（100009 北京西城区德内大街刘海胡同 7 号）
网　址　http://lycb.forestry.gov.cn
电　话　(010) 83143580
发　行　中国林业出版社
印　刷　北京雅昌艺术印刷有限公司
版　次　2017 年 6 月第 1 版
印　次　2017 年 6 月第 1 次
开　本　787mm×1092mm　1/32
印　张　4
字　数　100 千字
定　价　32.00 元